BERICHTE ÜBER DIE VERHANDLUNGEN DER SÄCHSISCHEN
AKADEMIE DER WISSENSCHAFTEN ZU LEIPZIG

*Mathematisch-naturwissenschaftliche Klasse*

*Band 99 · Heft 3*

*E. DIEPSCHLAG*

# DIE ANWENDBARKEIT DER REGELUNGSTECHNIK IN DER HÜTTENINDUSTRIE

1952

AKADEMIE-VERLAG · BERLIN

BERICHTE ÜBER DIE VERHANDLUNGEN DER SÄCHSISCHEN
AKADEMIE DER WISSENSCHAFTEN ZU LEIPZIG

*Mathematisch-naturwissenschaftliche Klasse*

*Band 99 · Heft 3*

*E. DIEPSCHLAG*

# DIE ANWENDBARKEIT DER REGELUNGSTECHNIK IN DER HÜTTENINDUSTRIE

1952

AKADEMIE-VERLAG · BERLIN

Vorgetragen in der Sitzung vom 17. September 1951
Manuskript eingereicht am 20. September 1951
Druckfertig erklärt am 3. März 1952

Erschienen im Akademie-Verlag GmbH., Berlin NW 7, Schiffbauerdamm 19
Veröffentlicht unter der Lizenznummer 1217
des Amtes für Literatur und Verlagswesen der Deutschen Demokratischen Republik
Satz und Druck der Buchdruckerei F. Mitzlaff, Rudolstadt/Thür. (1245) V/14/7
Bestell- und Verlagsnummer 2027/99/3
Preis: DM 3,90
Printed in Germany

Die Regelungstechnik hat in Anwendung auf Wärmekraftmaschinen oder Durchführung chemischer Prozesse in der Großindustrie vielfach Anwendung gefunden, so daß dieses Forschungsgebiet eine Sonderstellung im Maschinenbau einnimmt. Daß bei allen Wärmekraftmaschinen, wie die Dampf- und Gasmaschinen oder Turbinen eine selbsttätige Regelung, sei es der Drehzahl oder der Leistung vorgesehen wird, ist eine Selbstverständlichkeit geworden. Bei den metallurgischen Öfen der Hüttenindustrie, die doch weiter nichts sind als große Wärmekraftmaschinen, ist die selbsttätige Regelung noch nicht eingeführt. Die neuzeitlichen Hüttenwerke nehmen zwar an zahlreichen Betriebspunkten Messungen von Temperaturen, Gasdrucken oder Gasmengen laufend vor, jedoch fehlt das Bindeglied zwischen solchen Beobachtungen und Registrierungen einerseits und der selbsttätigen Beeinflussung dieser Befunde andererseits auf den Verlauf des hüttenmännischen Geschehens. Die Auswertung der Messungen dient der Betriebsüberwachung oder erfolgt nach statistischen Methoden, um zeitlich rückwirkend anormale Erscheinungen des Betriebes festzustellen oder aufzuklären. Das Ziel muß aber sein, dem Meßgerät selbst die Regelung einer Meßgröße zu übertragen, um so unter Ausschluß des menschlichen Eingriffs durch Aufrechterhaltung konstanter oder programmäßig veränderlicher Betriebsbedingungen zum Produktionsziel zu kommen. Es muß also angestrebt werden - wie bei den genannten Wärmekraftmaschinen - einen selbsttätig geregelten Schmelzofen zu schaffen, dessen Einflußgrößen vom Ofen selbst gesteuert werden.

In der vorliegenden Arbeit werden Studien nach dieser Richtung vorgetragen mit dem Ziel, festzustellen, ob und wieweit in einem Hochofenwerk die Regelungstechnik einzubauen ist. Sie sollen sich auf den Hochofen selbst und auf die Vorwärmung des dem Hochofen zugeführten Gebläsewindes erstrecken.

In der heutigen Praxis ist es unvermeidlich, daß Schwankungen in der Qualität des erzeugten Eisens täglich auftreten, das ist darauf zurückzuführen, daß die einem Hochofen aufgegebenen Stoffe nicht immer in genau abgemessenen Mengen und gleichbleibenden Eigenschaften bereitgestellt werden können. Soweit es sich um feste Stoffe, wie Erze, Zuschläge und Koks handelt, ist die Einhaltung bestimmter vorgeschriebener Bedingungen in erster Linie eine organisatorische, weniger eine technische Aufgabe. Schwieriger ist die Regelung der dem Ofen zuzuführenden Windmengen, die wegen ihrer Größe den Ofengang weitgehend beeinflussen, wird doch einem Hochofen in Gewichten ausgedrückt, etwa viermal soviel Wind zugeführt, wie er Eisen erzeugt, d. h. auf 1 Tonne Eisen kommen rund 4 Tonnen Wind.

Für das Verständnis der folgenden Darlegungen ist die Klärung einiger Begriffe der Regelungstechnik notwendig. Man unterscheidet Regelung und Steuerung eines Vorganges. Die Regelstrecke ist das System, in dem eine Zustandsgröße als Regelgröße durch den Regler beeinflußt wird. Der Regler ist die Einrichtung, die den Regelvorgang bewirkt. Teile des Reglers sind die Fühler, das Meßwerk, die Beruhigungseinrichtung, der Sollwerteinsteller, der Kraftschalter, der Stellmotor und das Stellglied. Mit dem Fühler und dem Stellglied greift der Regler in die Regelstrecke ein und bildet so den Regelkreis. Die Regelgröße ist die Größe, die geregelt wird. Die Stellgröße ist die Größe der Regelstrecke, die unmittelbar durch das Stellglied des Reglers eingestellt wird. Eine Störgröße ist jede Größe, die den Regelungsvorgang auslöst. Der Istwert der Regelgröße ist ihr jeweiliger tatsächlicher Wert, der Meßwert ist der jeweils von der Meßeinrichtung des Reglers festgestellte Wert. Der Regler-Sollwert ist derjenige Wert der Regelgröße, den ein fehlerfrei gedachter Regler herstellen und aufrechterhalten kann. Die Regelspanne ist im einfachsten Falle die Differenz zwischen Meß- und Sollwert. Die Regelabweichung ist die Differenz zwischen Ist- und

Sollwert. Für die Berechnung von Regelungsvorgängen werden Regelspanne und Regelabweichung identisch.

Wendet man diese Grundlagen der Regelungstechnik auf den Hochofenbetrieb an, so ergeben sich zwei Probleme, einmal die Steuerung des Gebläses auf konstante Windmengen und zweitens die Regelung der Temperaturen des Winderhitzers. Der Gebläsewind wird aus der Atmosphäre von der Gebläsemaschine angesaugt und mit einem gewissen Überdruck durch Rohrleitungen über Winderhitzer dem Hochofen zugeführt. Die Beschaffenheit der angesaugten Luft ändert sich mit der Temperatur derselben, dem Barometerstand und dem Feuchtigkeitsgehalt. Diese drei Größen sollen als Meßwerte in dem Sinne auf die Gebläsemaschine einwirken, indem die jeweilige Drehzahl der Maschine sich selbsttätig so ändert, daß das tatsächliche Luftgewicht konstant bleibt. Bild 0 gibt das Schema einer solchen Steuerung des Gebläses wieder.

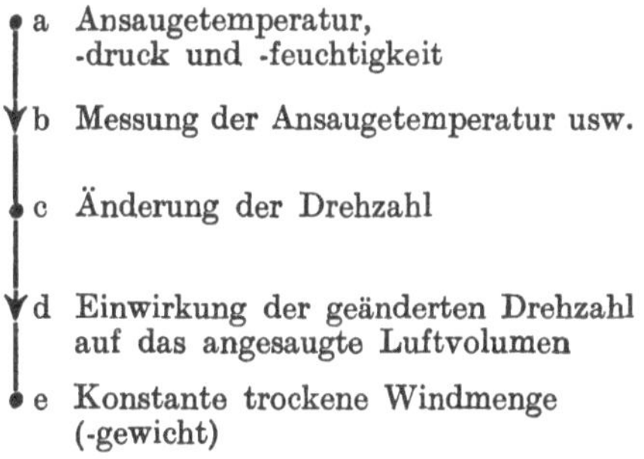


*Bild 0*

*Steuerung eines Gebläses auf konstante trockene Windmenge*

## Die Regelbarkeit des Hochofens

Der Hochofen ist auch bei normalem Betrieb in heiztechnischer Hinsicht stets gewissen Schwankungen ausgesetzt, die auf die Zusammensetzung des Erzeugnisses, nämlich des Roheisens, sich auswirken. Ständig findet ein Pendeln um eine thermische Gleichgewichtslage statt, das entsprechend dem Störungseinfluß groß oder klein sein kann und sich entweder selbst ausgleicht oder durch betriebstechnische Eingriffe zum Ausgleich gebracht werden muß. Da wechselnde Qualität des Erzeugnisses sich bei der Weiterverarbeitung störend bemerkbar macht, muß angestrebt werden, solche Schwankungen auszuschalten. Aus diesem Grunde wird eine selbsttätige Steuerung des Ofenganges eine der wichtigsten Aufgaben für die Betriebsführung.

Von besonderer Wichtigkeit ist der dem Hochofen gelieferte Gebläsewind, da auch er in seiner Beschaffenheit ständig Schwankungen unterliegt. Diese machen sich um so mehr bemerkbar, als die Windmengen außerordentlich groß sind. Die Betriebsleitung schreibt zur Erzielung einer bestimmten Betriebsgeschwindigkeit des Hochofens die Lieferung eines konstanten Luftgewichts vor. Die Regelungstechnik hat die Aufgabe, die veränderliche Luftbeschaffenheit auszugleichen. Unter Anwendung der Erkenntnisse auf dem Gebiet der Regelungstechnik ist für die Anwendung dieser Prinzipien das Vorhandensein einer Impulsentnahmestelle Voraussetzung. Da diese fehlt, ist eine Regelung des Hochofens im Sinne der Regeltechnik nicht möglich, wohl aber eine Steuerung, zumal es lediglich auf die Beibehaltung eines Betriebszustandes, also auf eine Gleichwertregelung hinauskommt. Eine Steuerung erfolgt auf Grund der Messung einer von der Steuerung unbeeinflußten Größe. Die genannten Schwankungen im Betriebszustand des Hochofens sind in erster Linie auf Unregelmäßigkeiten in der Zuführung der Roh- und Hilfsstoffe zurückzuführen.

Zur Lieferung des Hochofenwindes dient entweder ein Kolbengebläse oder ein Turbogebläse. Beide Maschinen sind in bezug auf gelieferte Mengen regelbar, jedoch sind die tatsächlichen Luftmengen von der Ansaugetemperatur vor der Maschine, dem Barometerstand, dem Feuchtigkeitsgehalt und dem Gegendruck in der Windleitung abhängig. Aus diesem Grunde ist bei gleicher Drehzahl der Maschine das geförderte Luftgewicht vom Ansaugezustand abhängig. Es kommt also darauf an, die Konstanthaltung des Windgewichtes durch Anpassung der Drehzahl an die Ansaug- und Gegendruckverhältnisse anzustreben.

Die folgende Untersuchung bezieht sich auf eine MAN-Hochofengichtgasmaschine der Bauart DTG 14. Die Rechnung wird mit der Windmenge von $45\,000 \frac{\mathrm{Nm}^3}{h} = 750 \frac{\mathrm{Nm}^3}{\mathrm{min}}$ durchgeführt. Der Ansaugezustand wird für die Berechnung festgelegt durch eine Ansaugetemperatur von $t_a = 20^0\,\mathrm{C}$, eine relative Feuchtigkeit $\varphi = 100\%$[1] und eines Barometerstandes $b = 730$ mm QS. Der Gegendruck $p$ betrage 600 mm QS.

Bezeichnet $h$ den Wasserdampfdruck bei Ansaugetemperatur und $\varphi = 100\%$, so enthält 1 m³ (20°, 730 mm) angesaugte Luft $r_D = \frac{h}{b}$ m³ Dampf und $r_L = 1 - \frac{h}{b}$ trockene Luft. Für den genannten Zustand nehmen $r_D$ und $r_L$ die Werte 0,024 und 0,976 an, entsprechend einem Luftvolumen von $732 \frac{\mathrm{Nm}^3}{\mathrm{min}}$ und einem Dampfvolumen von $18 \frac{\mathrm{Nm}^3}{\mathrm{min}}$. Von größerem Interesse ist die Gewichtsmenge Dampf, die sich in einem Ansaugekubikmeter befindet. Sie wird berechnet zu[2,3]

$$\gamma_D = \frac{h}{b} \cdot \frac{10^4}{R \cdot T} = 17{,}4\ \mathrm{g}\ \frac{\mathrm{Dampf}}{\mathrm{Nm}^3} \quad \begin{array}{l}(R = 47{,}06 \text{ Gaskonstante} \\ \text{des Wasserdampfes}).\end{array}$$

Dem minutlich durchgesetzten Windvolumen von 750 Nm³ entspricht ein Ansaugvolumen von $838 \frac{\mathrm{m}^3}{\mathrm{min}}$ gemäß

$$v_a = \frac{T_a \cdot b_N}{T_N \cdot b_a} \cdot v_N \quad \begin{array}{l}(\text{Index } N = \text{Normzustand} \\ \ \text{Index } A = \text{Ansaugzustand}).\end{array}$$

Die minutlich angesaugte Wasserdampfmenge beträgt

$$838 \cdot 17{,}4 = 14{,}5 \ \frac{\mathrm{kg\ H_2O}}{\mathrm{min}}.$$

---

[1] Aus rechnerischen Gründen ist hier $\varphi = 100\%$, dagegen bei Gichtgas $= 0\%$ angenommen worden.

[2] FRITZSCHE, Vorlesung: Technische Thermodynamik (1948).

[3] HÜTTE, Des Ingenieurs Taschenbuch, Bd. I, 27. Aufl. (1948), S. 572.

Das Gewicht der trockenen Luft beläuft sich auf

$$750 \cdot r_L \cdot 1{,}293 = 949 \frac{\text{kg Luft}}{\text{min}}.$$

Das spezifische Gewicht der feuchten Luft folgt aus

$$\gamma_f = \frac{848}{22{,}41 \cdot R_f}.$$

Die Gaskonstante der feuchten Luft $R_f$ steht mit $R_L$ in folgendem Zusammenhang[1]:

$$R_f = \frac{R_L}{1 - 0{,}378 \cdot \frac{h}{b}} = 29{,}55, \text{ woraus } \gamma_f = 1{,}278 \frac{\text{kg}}{\text{Nm}^3}$$

folgt. Mithin beträgt das Gesamtgewicht $G = 750 \cdot 1{,}278 = 960 \frac{\text{kg}}{\text{min}}$. Dieser Wert stimmt mit dem aus Luft- und Dampfgewicht ermittelten Wert von $945 + 14{,}5 = 959{,}5$ kg gut überein.

Das Hubvolumen des Gebläses wird mit 18,240 m³ angegeben, der dem Gegendruck 600 mm QS zugeordnete volumetrische Wirkungsgrad zu 0,91[2].

Zur Förderung von 960 kg/min = 838 m³/min ist mithin eine Drehzahl von $50{,}5 \frac{\text{Umdr.}}{\text{min}}$ erforderlich.

In Zahlentafel 1 ist der Einfluß der Ansaugetemperatur und Feuchtigkeit auf die Drehzahl dargestellt, sofern die trockene Windmenge auf 945 kg/min gehalten werden soll und Barometerstand und Gegendruck bleiben. Aus Zahlentafel 2 ist die pro Umdrehung angesaugte Dampfmenge bei verschiedenen Temperaturen und Feuchtigkeiten zu entnehmen.

Der Abhängigkeit der Ansaugemenge vom Barometerstand liegt die allgemeine Gasgleichung zugrunde:

$$b \cdot v = G \cdot R \cdot T \qquad (b = \text{Luftdruck}).$$

---

[1] Fritzsche, a. a. O.

[2] Steffes, Leistungsversuche einer Hochofengasgebläsemaschine St. u. E. 63 (1943), S. 105.

**Zahlentafel 1**

Berechnung der pro Umdrehung angesaugten Wasserdampfmenge

| Ansauge-temperatur °C | $h$ | $\gamma_D$ $\frac{g}{m^3}$ | Windmenge bei $\varphi = 1$ $\frac{m^3}{min}$ | Drehzahl bei $\varphi = 1$ $\frac{Umdr.}{min}$ | Pro Umdrehung angesaugte Wasserdampfmenge $\varphi = 100\%$ $\frac{kg}{Umdr.}$ | $\varphi = 75\%$ $\frac{kg}{Umdr.}$ | $\varphi = 50\%$ $\frac{kg}{Umdr.}$ | $\varphi = 25\%$ $\frac{kg}{Umdr.}$ | $\varphi = 0\%$ $\frac{kg}{Umdr.}$ |
|---|---|---|---|---|---|---|---|---|---|
| 30 | 31,82 | 31,6 | 886,5 | 53,3 | 0,525 | 0,394 | 0,263 | 0,131 | — |
| 20 | 17,54 | 17,4 | 838 | 50,5 | 0,290 | 0,217 | 0,145 | 0,072 | — |
| 10 | 9,21 | 9,4 | 799 | 48,2 | 0,155 | 0,117 | 0,078 | 0,039 | — |
| 0 | 4,60 | 4,9 | 767 | 46,2 | 0,082 | 0,061 | 0,041 | 0,020 | — |
| —10 | 1,95 | 2,1 | 736 | 44,4 | 0,035 | 0,027 | 0,018 | 0,009 | — |

Ferner ist das Ansaugevolumen der Drehzahl proportional $v = k_i \cdot n$. Für konstante Fördermenge und Temperatur folgt daraus die Beziehung:

$$b \cdot n = k_2 \qquad \text{oder} \qquad n = \frac{k_2}{b}.$$

Für $b = 730$ ist $n = 50{,}5$; mithin $k_2 = 36\,900$.

Die Funktion $n = \frac{k_2}{b}$ wird durch eine Hyperbel dargestellt. Während der volumetrische Wirkungsgrad des Kolbengebläses von der Drehzahl nicht beeinflußt wird, besteht eine Abhängigkeit vom Gegendruck, die durch die Rückexpansion der im schädlichen Raum verdichteten Restluft bedingt ist.

Die Kurve entspricht der Beziehung

$$\eta_{vol} = 1 - \frac{0{,}12}{800} \cdot p.$$

Die Drehzahl ändert sich gemäß

$$n = \frac{838}{18{,}24 \cdot \eta_{vol}} = \frac{46}{1 - \frac{0{,}12}{800}\, p}.$$

**Zahlen**

Einfluß der Ansaugetemperatur und

Berechnet für Gichtgas-Kolbengebläse MAN — DTG 14

| Ansauge-tempe-ratur | Teil-druck ge-sättigter Luft h mm WS. | trock. Wind bei Ansauge-tempe-ratur $\frac{m^3}{min}$ | $\varphi = \%$ | $\varphi = 25\%$ | | | | |
|---|---|---|---|---|---|---|---|---|
| | | | $n$ | $r_D$ | $r_L$ | Wasser-dampf $\frac{m^3}{min}$ | Wind vom Ansauge-zustand $\frac{m^3}{min}$ | $n$ $\frac{\text{Umdr.}}{\text{min}}$ |
| 30 | 31,82 | 848 | 51,5 | 0,0109 | 0,9893 | 9,6 | 857,6 | 51,7 |
| 20 | 17,54 | 818 | 49,3 | 0,0060 | 0,9940 | 5,0 | 823 | 49,6 |
| 15 | 12,79 | 804 | 48,4 | 0,0044 | 0,9956 | 3,55 | 807,5 | 48,6 |
| 10 | 9,21 | 789 | 47,5 | 0,0032 | 0,9968 | 2,5 | 792 | 47,7 |
| 5 | 6,54 | 775 | 46,7 | 0,0023 | 0,9977 | 1,75 | 779 | 46,8 |
| 0 | 4,60 | 762 | 45,9 | 0,0016 | 0,9984 | 1,2 | 763 | 46,0 |
| — 5 | 3,00 | 748 | 45,1 | 0,0011 | 0,9989 | 0,78 | 748,8 | 45,1 |
| —10 | 1,95 | 734 | 44,2 | 0,0007 | 0,9993 | 0,5 | 734,5 | 44,2 |

Soll eine Regelung der Fördermenge auf konstantes trockenes Luftgewicht stattfinden, so müssen alle vier die Drehzahl beeinflussenden Größen Berücksichtigung finden, sie sind zu einem Nomogramm (Abb. 1) zusammengefaßt, aus dem für die durch Ansaugetemperatur, Feuchtigkeit, Barometerstand, Gegendruck und Windmenge gegebenen Betriebsbedingungen die zugeordnete Drehzahl entnommen werden kann. Für die dem Rechenbeispiel zugrunde liegende trockene Windmenge von 945 kg/min gibt die Skala des dritten Feldes die Drehzahl an (Zahlentafel 2).

Beim heutigen Stande der Regelungstechnik dürfte die Konstruktion eines passenden Reglers keine Schwierigkeiten bieten. Regler, die von mehreren Impulsen gesteuert werden, sind bekannt. Die Drehzahl der mit dem Gebläse gekoppelten Gasmaschine läßt

**tafel 2**

-feuchtigkeit auf die geforderte Windmenge

Trockene Windmenge = 945 kg
Barometerstand = 730 mm QS, Gegendruck 600 mm QS.

| $\varphi = 50\%$ | | | | | $\varphi = 75\%$ | $\varphi = 100\%$ | | | | |
|---|---|---|---|---|---|---|---|---|---|---|
| $r_D$ | $r_L$ | Wasserdampf $\frac{m^3}{min}$ | Wind vom Ansaugezustand $\frac{m^3}{min}$ | $n$ | $n$ | $r_D$ | $r_L$ | Wasserdampf $\frac{m^3}{min}$ | Wind vom Ansaugezustand $\frac{m^3}{min}$ | $n$ $\frac{Umdr.}{min}$ |
| 0,0218 | 0,9782 | 19,2 | 867,2 | 52,3 | 52,9 | 0,0435 | 0,9565 | 38,5 | 886,5 | 53,3 |
| 0,0120 | 0,9880 | 10 | 828 | 49,9 | 50,2 | 0,0240 | 0,9760 | 20 | 838 | 50,5 |
| 0,0088 | 0,9912 | 7,1 | 811,1 | 48,8 | 49,1 | 0,0175 | 0,9825 | 14,2 | 818,2 | 49,3 |
| 0,0063 | 0,9937 | 5 | 794 | 47,8 | 48,1 | 0,0126 | 0,9874 | 10 | 799 | 48,2 |
| 0,0045 | 0,9955 | 3,5 | 778,5 | 46,9 | 47 | 0,0090 | 0,9910 | 7 | 780 | 47,1 |
| 0,0032 | 0,9968 | 2,4 | 764,4 | 46,1 | 46,1 | 0,0063 | 0,9937 | 4,8 | 766,8 | 46,2 |
| 0,0021 | 0,9979 | 1,55 | 749,5 | 45,2 | 45,2 | 0,0041 | 0,9959 | 3,1 | 751,1 | 45,3 |
| 0,0014 | 0,9986 | 1,0 | 735 | 44,3 | 44,3 | 0,0027 | 0,9973 | 2,0 | 736 | 44,4 |

sich in weiten Grenzen $\left(35\text{—}80\ \frac{\text{Umdr.}}{\text{min}}\right)$ durch Füllungsänderung leicht regeln.

Wird der Hochofen nicht durch ein Kolbengebläse, sondern, wie es häufiger jetzt üblich ist, durch ein Turbogebläse betrieben, so ist auch in diesem Falle eine Regelung der Windmengen möglich. Ansaugemenge, überwindbarer Gegendruck und Drehzahl stehen untereinander in zwangsläufiger Abhängigkeit. Bild 2 stellt das Kennlinienfeld einer solchen Maschine dar. Sofern die Drehzahl der Antriebsmaschine, sei es Dampf- oder Elektromotorturbine, regelbar ist, kann das Gebläse im gesamten Bereich rechts der Pumpgrenze gefahren werden. In Abb. 2 ist der Regelvorgang schematisch dargestellt. Die Ansaugemenge wird nach einem bestimmten Sollwert eingestellt. Ändert sich die Beschaffenheit der Luft, so wird unter

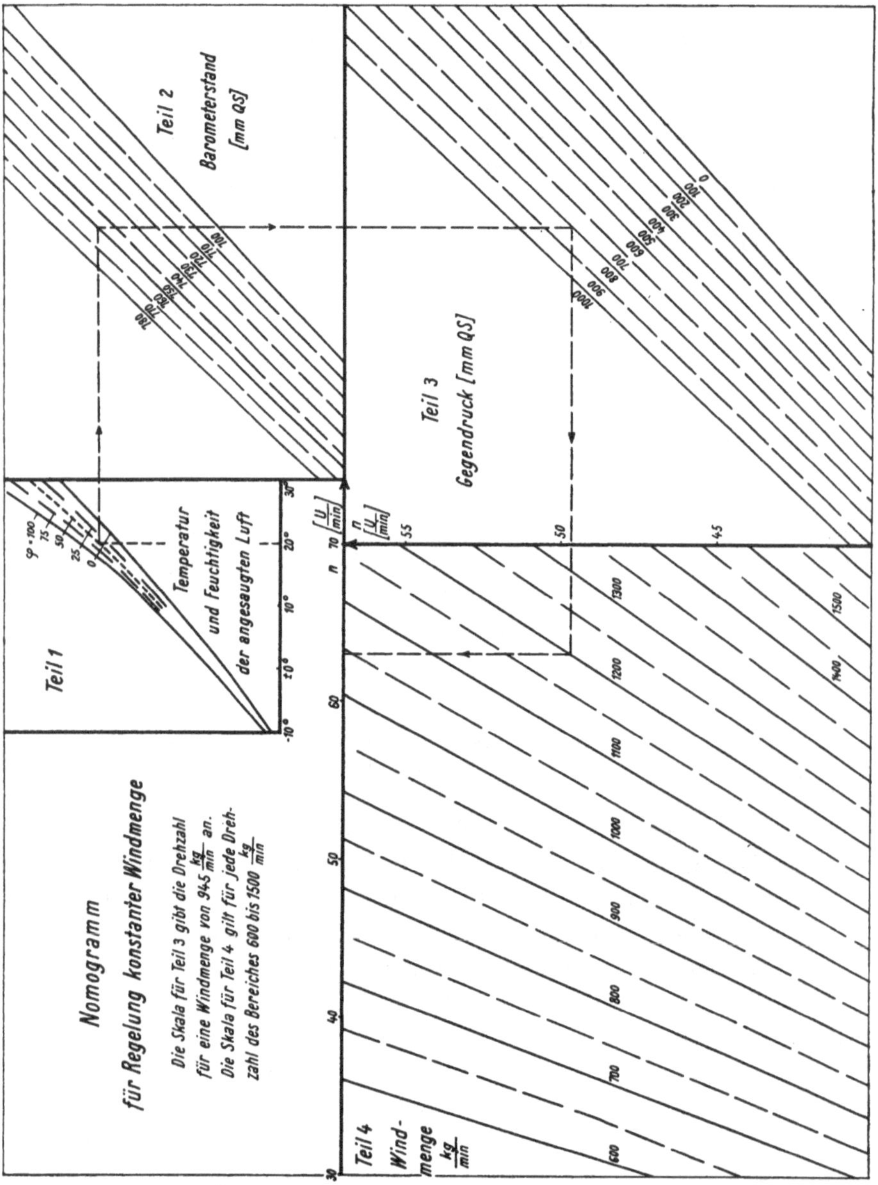
Nomogramm
für Regelung konstanter Windmenge
Die Skala für Teil 3 gibt die Drehzahl für eine Windmenge von 945 kg/min an.
Die Skala für Teil 4 gilt für jede Drehzahl des Bereiches 600 bis 1500 kg/min
Teil 1
Temperatur und Feuchtigkeit der angesaugten Luft
Teil 2
Barometerstand [mm QS]
Teil 3
Gegendruck [mm QS]
Teil 4
Wind-menge kg/min
n [U/min]

Bild 1

dem Einfluß der Regelung dieser Sollwert verschoben. Ist beispielsweise die Drehzahl ursprünglich $n_1$, entsprechend dem Punkte A und vermindert der Regler die Ansaugmenge bis $Q_{min}$, so muß bei gleichbleibendem Gegendruck die Drehzahl von $n_1$ auf $n_3$ zurückgehen, entsprechend dem Zustand in Punkt B. Befindet sich das Turbogebläse in einem Betriebszustand, der dem Punkte C entspricht, und steigt der Gegendruck in der Windleitung an, so ver-

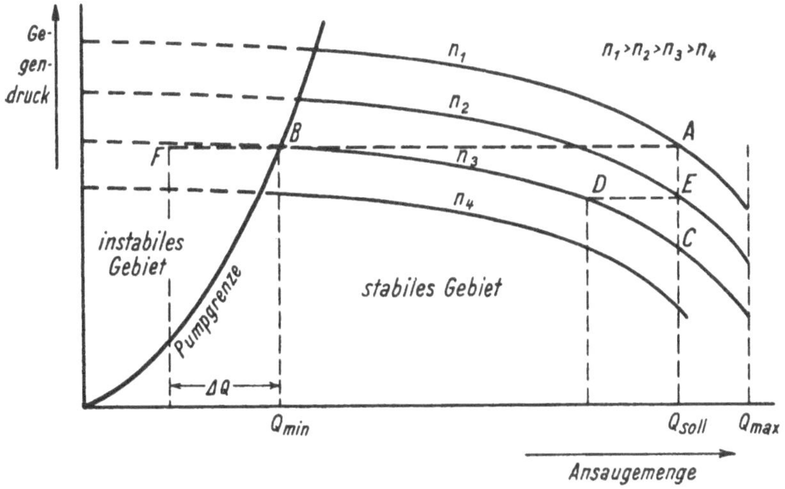


*Bild 2*
*Kennlinienbild eines Turbogebläses*
*Anpassung an den Gegendruck durch Drehzahlenänderung*

mindert sich die Ansaugemenge entsprechend dem Verlauf der Drehzahlkennlinie $n_3$ bis zum Punkte D. Das Abfallen der Fördermenge hat eine Verminderung des Druckunterschiedes an einer in der Saugleitung eingebauten Blende zur Folge. Der Regler öffnet daher die Dampfzufuhr für die Antriebsturbine so weit, bis wieder die dem Sollzustand entsprechende Luftmenge gefördert wird. Die Drehzahl steigt dadurch auf den Wert, gekennzeichnet durch die Linie $n_2$. So bezeichnet Punkt E den neuen Betriebszustand des Turbogebläses. Die Lage des Punktes E zeigt, daß in bezug auf Liefermenge der

Sollzustand wieder erreicht ist bei erhöhtem Gegendruck. Bei nicht regelbarer Drehzahl der Antriebsmaschine muß die Anpassung des Verdichter-Enddruckes an den Gegendruck durch Drosselung oder Umlaufventile erreicht werden. Ein Energieverlust wird dabei in Kauf genommen. Die Drosselung wird zweckmäßig in der Saugleitung vorgenommen. Regler-Bauarten, die diesen Forderungen entsprechen, sind gerade für Turbogebläse mehrfach entwickelt worden. Technisch bedeutet also diese hier vorgesehene Regelung eines Turbogebläses kein Problem.

## Die Windvorwärmung

Die von den Gebläsemaschinen gelieferten Windmengen werden, bevor sie in den Hochofen gelangen, in Winderhitzern auf hohe Temperaturen erhitzt. Diese Winderhitzer arbeiten intermittierend in der Weise, daß durch Verbrennung von Hochofengas freiwerdende Wärmebeträge in einem großen Gitterwerk von feuerfesten Steinen übertragen und aufgespeichert und in einem anschließenden Zeitabschnitt auf den Gebläsewind übertragen werden. Zu jedem Hochofen sind also mindestens zwei solcher Wärmespeicher notwendig, der eine wird aufgeheizt, der andere gibt die aufgenommene Wärme an den Wind ab. Im Hinblick auf die Anwendung der Regelungstechnik ergeben sich aus diesen Gegebenheiten zwei Probleme. Einmal muß der Betrag der aufgespeicherten Wärme gleich der in der Windperiode entnommen sein, damit ein ausgeglichener Zustand aufrechterhalten werden kann, was zur Folge hat, daß in den aufeinanderfolgenden Windperioden gleiche Temperaturverhältnisse bestehen. Ferner liegt es im Wesen dieses Systems, daß die Temperatur des Windes von einem Höchstwert zu Anfang der Windperiode bis zu einem niedrigsten Wert absinkt, der als Sollwert vorzuschreiben ist. Zur Lösung der ersten Aufgabe sind zunächst die wärmetechnischen Grundlagen eines Winderhitzers durchzurechnen.

## Die Abmessungen und Wärmekennzahlen des untersuchten Winderhitzers

Die Temperaturverhältnisse im Wärmespeicher sind so weit bekannt, daß der örtliche und zeitliche Temperaturverlauf des Gitterwerkes, des Windes und des Rauchgases berechnet werden kann. Als Beispiel wurde ein Winderhitzer gewählt, für dessen Dimensionierung in erster Linie Rücksichten auf hohe Leistungsfähigkeit und geringen Gasverbrauch maßgebend waren[1]. Die Winderhitzer-Abmessungen und die Wärmekennzahlen des Speicherraumes sind in Zahlentafel 2 zusammengefaßt.

**Zahlentafel**

Abmessungen des Winderhitzers (vgl. Abb. 3)

| | | |
|---|---|---|
| Gitterwerkshöhe | 26,3 | m |
| Winderhitzerquerschnitt | 5 900 | mm |
| Brennschachtdurchmesser | 1 800 | mm |
| Trennwandstärke | 405 | mm |
| Gitterwerksquerschnitt | 21,95 | $m^2$ |
| Gitterwerksinhalt | 577 | $m^3$ |
| Heizfläche | 15 000 | $m^2$ |
| nutzbare Oberfläche $= \frac{\text{Heizfläche}}{\text{Gitterwerksinhalt}}$ | 26 | $\frac{m^2}{m^3}$ |
| Steingewicht (spez. Gewicht) | 1 850 | $\frac{kg}{m^3 \text{ Stein}}$ |
| Steingewicht (Raumgewicht) | 970 | $\frac{kg}{m^3 \text{ Gitter}}$ |
| Gesamtgewicht des Gitters | 560 000 | kg |
| Gewicht des feuerfesten Mauerwerkes mit Ausnahme des Gitterwerkes ca. | 750 000 | kg |
| Steinbesatz: | | |
| Schiffer-Strack-Steine (7 Loch) | 80 | mm ∅ |
| freier Durchgang | 0,476 | $\frac{m^2}{m^2}$ |
| Steinvolumen | 0,524 | $\frac{m^3}{m^3}$ |
| nutzbare Oberfläche: | | |
| Steinvolumen | 0,4962 | $\frac{m^2}{m^3}$ |
| Zahl der Gitterwerkskanäle | 2 080 | |

[1] Michel und Stern: Neuanlagen der Mannesmannröhrenwerke in Hukkingen. St. u. E. 50 (1930), S. 759.

**Zahlen**

Berechnung der Abgasmenge des Heizwertes

Angenommene Gichtgasanalyse:

| | Reaktions-gleichung | $\frac{Nm^3\ Gas}{Nm^3\ Gichtgas}$ | $O_2$-Verbrauch $\frac{Nm^3\ O_2}{Nm^3\ reines\ Gas}$ | $O_2$-Verbrauch $\frac{Nm^3\ O_2}{Nm^3\ Gichtgas}$ |
|---|---|---|---|---|
| $CO_2$ | — | 0,093 | — | — |
| CO | $2\,CO + O_2 = 2\,CO_2$ | 0,302 | 0,50 | 0,151 |
| $H_2$ | $2\,H_2 + O_2 = 2\,H_2O$ | 0,019 | 0,50 | 0,010 |
| $N_2$ | — | 0,586 | — | — |
| $N_2$ | aus Verbrennungsluft | — | — | — |

$v'_{oL} = 0{,}766\ \frac{Nm^3\ Luft}{Nm^3\ Gichtgas} \qquad v_{oZ} = 1{,}605\ \frac{Nm^3\ Rauchgas}{Nm^3\ Gichtgas} \qquad$ für $\lambda = 1{,}0$

für Verbrennung mit Luftüberschuß werden:

der Luftbedarf $\qquad v_L = \lambda \cdot v_{oL}\ \frac{Nm^3}{Nm^3}$

und die Rauchgasmenge $\quad v_Z = v_{oZ} + (\lambda - 1)\ v_{oL}\ \frac{Nm^3}{Nm^3}$

Ferner ist der Anfangswärmeinhalt je $Nm^3$ Rauchgas $i_o = \frac{H}{v_{oZ}}$ bzw. $i = \frac{H}{v_Z}$.

$H$ ergibt sich aus den Heizwerten der einzelnen Gichtgasbestandteile.

Die Verbrennung von 1 $Nm^3$ CO liefert 3050 kcal

Die Verbrennung von 1 $Nm^3$ $H_2$ liefert 2560 „

Mithin ist der untere Heizwert des Gichtgases:

$$3050 \cdot 0{,}302 + 2560 \cdot 0{,}019 = 969\ \frac{kcal}{Nm^3\ Gichtgas}.$$

Die kalorimetrische Verbrennungstemperatur ergibt sich gemäß $\vartheta_{kal} = \frac{i_o}{c_p}$.

**tafel 3**

und der Verbrennungstemperatur

9,3% $CO_2$, 30,2% CO, 1,9% $H_2$, 58,6% $N_2$.

| Luftverbrauch $\frac{\text{Nm}^3 \text{ Luft}}{\text{Nm}^3 \text{ Gichtgas}}$ = 1,0 | Rauchgasmenge in $Nm^3$ | | | |
|---|---|---|---|---|
| | $CO_2$ | $H_2O$ | $N_2$ | Gesamt |
| — | 0,093 | — | — | 0,093 |
| 0,720 | 0,302 | — | — | 0,302 |
| 0,046 | — | 0,019 | — | 0,019 |
| — | — | — | 0,586 | 0,586 |
| $v_{oL}$ = 0,766 | | | | 1,000 |
| — | — | — | 0,605 | 0,605 |
| | 0,395 | 0,019 | 1,191 | 1,605 |

| $\lambda$ | $v_Z$ | $i$ | $c_p$ | $\vartheta_{\text{kal}}$ |
|---|---|---|---|---|
| 1,0 | 1,605 | 605 | 0,399 | 1515 |
| 1,1 | 1,682 | 575 | 0,397 | 1450 |
| 1,2 | 1,758 | 551 | 0,396 | 1392 |

Angenommen wird ein Luftüberschuß von $\lambda = 1{,}1$. Die wahre Temperatur des Rauchgases liegt erfahrungsgemäß

$$\text{bei } \vartheta = 1250^\circ \text{ C} \quad \text{mit } i = 490 \frac{\text{kcal}}{\text{Nm}^3}.$$

Abb. 3 zeigt einen Schnitt durch den Winderhitzer. Als Brennstoff dient Gichtgas mit einem Heizwert von

969 kcal/Nm³ [1].

Sein etwaiger Feuchtigkeitsgehalt wurde nicht in Rechnung gestellt.

[1] Berechnet nach HEILIGENSTAEDT: Wärmetechnische Rechnungen. Verlag Stahleisen (1941), S. 14 ff.

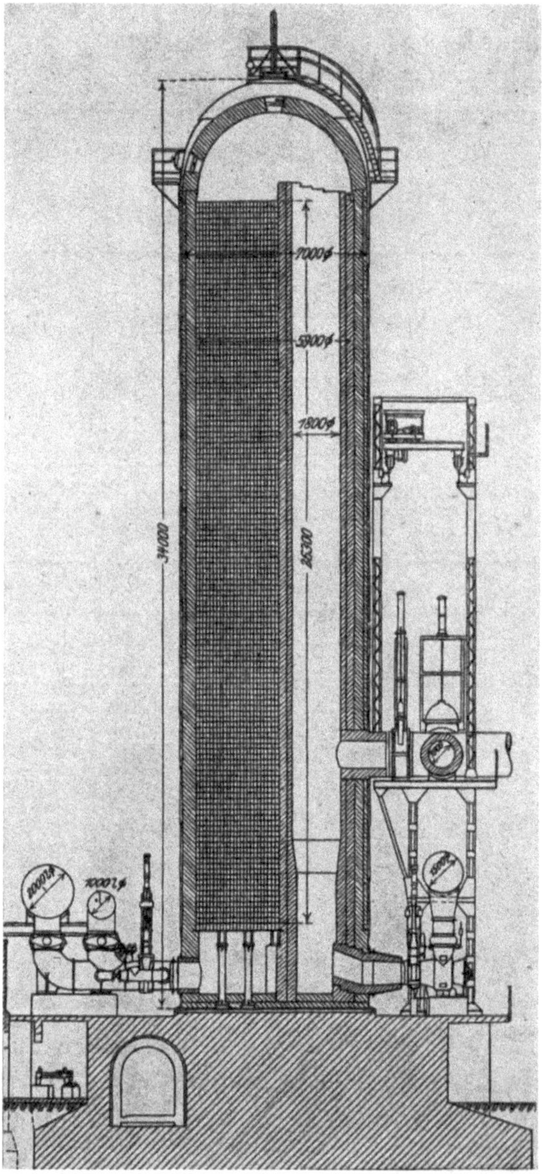


*Bild 3*

Zahlentafel 3 gibt eine Übersicht über die Rauchgasmenge und Verbrennungstemperatur, Zahlentafel 4 enthält Angaben über die angestrebten Temperaturwerte und die stündlich durchgesetzten Wind- und Gasmengen. Wegen der guten Durchwirbelung dürfte bei der Verbrennung ein Luftüberschuß von 10% genügen, für den in Zahlentafel 4 eine theoretische Verbrennungstemperatur von 1450° gemäß einer Enthalpie von 575 $\frac{\text{kcal}}{\text{Nm}^3\ \text{Rauchgas}}$ berechnet ist. Diese Temperatur wird in Wirklichkeit nie erreicht. Infolge der Verzögerung der Verbrennung und der Wärmeabgabe an das Brennschachtmauerwerk liegt die wirkliche Verbrennungstemperatur erfahrungsgemäß bei 1250° C entsprechend einer Enthalpie von 490 $\frac{\text{kcal}}{\text{Nm}^3\ \text{Rauchgas}}$. Es soll angenommen werden, daß durch die Enthalpiedifferenz von 85 $\frac{\text{kcal}}{\text{Nm}^3\ \text{Rauchgas}}$ gerade die Wärmeverluste des gesamten Winderhitzers während der Gas- und Windperiode aufgewogen werden. Diese Vereinfachung kommt den tatsächlichen Verhältnissen nahe, denn die Wärmeverluste sind gerade an der Stelle größten Temperaturgefälles, also an der Kuppel, am größten. Der prozentuale Wandverlust während einer vollen Periode ergibt sich zu $\frac{85}{575} \cdot 100\% = 14{,}7\%$.

**Zahlentafel 4**

Die stündlich durchgesetzten Wind- und Gasmengen

Gasperiode = Windperiode = 1 h.

Kaltwindtemperatur 50° C, Heißwindtemperatur $\geqq$ 800° C

Verbrennungstemperatur 1250° C, Abgastemperatur $\leqq$ 150° C

Ofenleistung 400 t Roheisen pro Tag; Kokssatz 1000 $\frac{\text{kg}}{\text{t} \cdot \text{RE}}$

Nach RUMMEL, „Anhaltszahlen", 3. Auflage, Zahlentafel 17, ist:

Windmenge etwa $G' = 45\,000\ \frac{\text{Nm}^3}{\text{h}}$ (Sollzustand) $= 960\ \frac{\text{kg}}{\text{min}}$

Erforderliche Rauchgasmenge: $G_r = 30\,000\ \frac{\text{Nm}^3}{\text{h}}$ (Sollzustand).

Dem entspricht gemäß Zahlentafel:

eine Gichtgasmenge $G_g = \frac{30\,000}{1{,}682} = 17\,800 \frac{\text{Nm}^3}{\text{h}}$ und

eine Luftmenge $G_L = 17\,800 \cdot 1{,}1 \cdot 0{,}766 = 15\,000 \frac{\text{Nm}^3}{\text{h}}$.

Nach Werksangaben[1] ist der Brenner imstande, stündlich 25 000 Nm³ Gichtgas (entsprechend 42 000 Nm³ Rauchgas) zu verbrennen.

Als Sollzustand werden gewählt:

$$G_g = 17\,800 \frac{\text{Nm}^3}{\text{h}} \text{ Gichtgas}$$

$$G_r = 30\,000 \frac{\text{Nm}^3}{\text{h}} \text{ Rauchgas}$$

$$G' = 45\,000 \frac{\text{Nm}^3}{\text{h}} \text{ Wind.}$$

## Die Berechnung des Temperaturfeldes im Winderhitzer

Als Berechnungsgrundlage für den Temperaturverlauf in Wärmespeichern ist das Verfahren von Heiligenstadt geeignet. Die Berechnung des örtlichen und zeitlichen Temperaturverlaufs setzt voraus, daß sich die Aufheiz- und Entheizverhältnisse periodisch wiederholen und sich auf diese Weise ein Gleichgewichtszustand einstellt. Unberücksichtigt bleibt die unterschiedliche Beaufschlagung der einzelnen Gitterwerkskanäle. Im folgenden soll in kurzen Zügen auf das Wesen dieses Rechenschemas eingegangen werden.

Es bezeichnen:

$t$ die Steintemperatur an einer beliebigen Stelle des Steins
$t_x$ die Steintemperatur an der Steinoberfläche
$t_m$ die mittlere Temperatur
$\vartheta$ die Rauchgastemperatur
$\vartheta'$ die Windtemperatur
$\tau$ die Zeit
$a = \frac{\lambda}{c \cdot \gamma}$ die Temperaturleitzahl

[1] MICHEL und STERN: a. a. O.

$\beta$ die Wärmeübergangszahl

$n$ einen aus $\operatorname{ctg}(nX) = \frac{nX}{hX}$ gebildeten Zahlenwert, wobei

$$h = \frac{\beta}{\lambda_{\text{Stein}}} \text{ ist.}$$

Für die Abkürzung immer wiederkehrender Ausdrücke wurden gesetzt:

$\varphi = e^{-n^2 a \tau}$ ($e$ = Basis der natürlichen Logarithmen, Abklingfunktion der Steintemperatur)

$$\nu = \frac{2 \cdot \sin(nX)}{\sin(nX)\cos(nX) + nX}$$

$$K = \frac{\dfrac{\sin(n+n')X}{(n+n')X} + \dfrac{\sin(n-n')X}{(n-n')X}}{\dfrac{1}{nX} \cdot [\sin(nX)\cos(nX) + nX]}.$$

Die gestrichenen Werte gelten jeweils für die Windperiode, die ungestrichenen für die Gasperiode.

Diejenigen Rechengrößen, die in die Berechnung des Temperaturfeldes selbst eingehen, sind in besonderen Kurvenblättern in ihrer Abhängigkeit von der räumlichen Lage dargestellt. Abb. 4 gibt den Verlauf der Temperatur-Abklingfunktion und der im wesentlichen durch die Steinstärke gegebenen Rechengröße $\nu \cdot \cos(nX)$ wieder; aus Abb. 5 sind für jede Winderhitzerzone die Wärmeübergangszahlen zu entnehmen. Wegen der Strahlung des Rauchgases bei höheren Temperaturen liegt die Wärmeübergangszahl während der Heizperiode höher als während der Windperiode. Zu jeder Steintemperatur gehört eine zugeordnete spezifische Wärme. Die gemäß der Gleichung des Wärmeüberganges ausgetauschte Wärmemenge

$$dQ = \beta \cdot (\vartheta - t_x)\, df \cdot d \tag{1}$$

ist gleich der in der Zeit $d$ von der Heizfläche aufgenommenen Wärmemenge, die die Abgastemperatur um $d\vartheta^0$ senkt.

$$dQ = G \cdot c \cdot d\vartheta \cdot d\tau \tag{2}$$

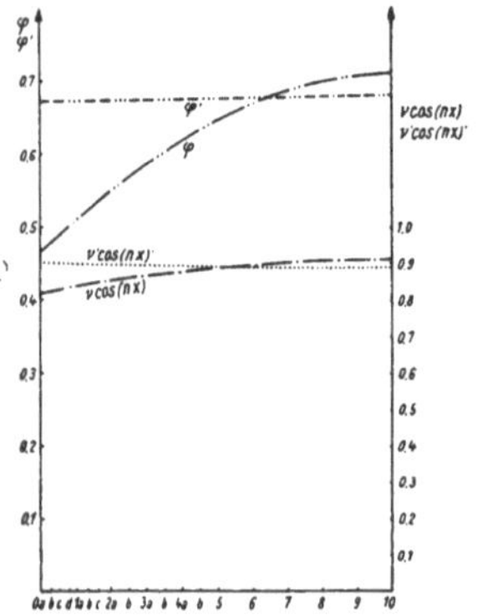

Bild 4
Rechengrößen für das Rechenschema

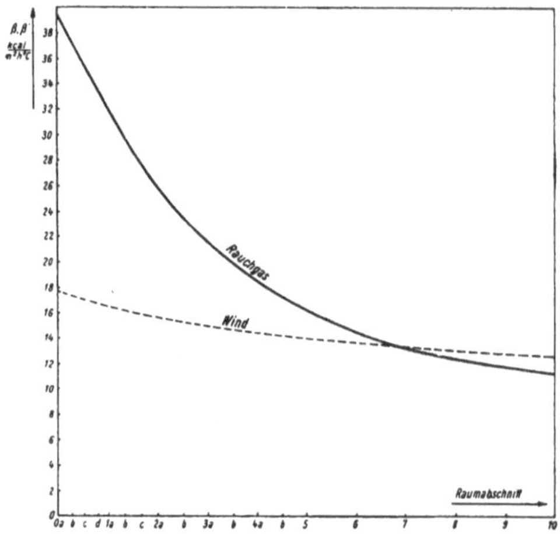


Bild 5
Wärmeübergangszahl für Rauchgas und Wind

und die mittlere Temperatur des zur Heizfläche $df$ gehörenden Steingewichtes $X \cdot c \cdot \gamma$ um

$$dQ = X \cdot \gamma \cdot c \cdot df \cdot dt_m \tag{3}$$

erhöht. Mithin ergeben sich zwei Gleichungen:

$$\beta \cdot (\vartheta - t_x) \cdot d\tau = X \cdot \gamma \cdot c \cdot dt_m \tag{4}$$

$$\beta \cdot (\vartheta - t_x)\, df = G \cdot c\, d\vartheta \tag{5}$$

zu denen noch die Hauptgleichung der Wärmeleitung kommt:

$$\frac{dt}{d\tau} = a \cdot \frac{d^2 t}{d x^2}. \tag{6}$$

Die Auswertung dieser drei Gleichungen macht die Zerlegung des Winderhitzers in eine Anzahl örtlicher Zonen und in $p$ zeitliche Abschnitte erforderlich.

Auf eine Wiedergabe der mathematischen Ableitung kann verzichtet werden. Hier sei auf die Originalarbeit von Heiligenstaedt verwiesen. Am Ende des $p$-ten Zeitabschnittes der Heizzeit beträgt schließlich die Steintemperatur

$$t_p = \vartheta_p - [\Delta\vartheta_p \cdot \varphi + \Delta\vartheta_{p-1} \cdot \varphi^2 + \ldots\ldots \Delta\vartheta_1 \cdot \varphi^p]\, \nu \cdot \cos(nX) \tag{7}$$

und am Ende des $p$-ten Zeitabschnittes der Entheizzeit

$$t'_p = \vartheta'_p - [\Delta\vartheta'_p \cdot \varphi' + \Delta\vartheta'_{p-1} \cdot \varphi'^2 + \ldots\ldots \Delta\vartheta'_1 \cdot \varphi'^p]\, \nu' \cdot \cos(nX)' \quad (8)$$

Die Gas- und Windtemperaturen am Ende des $p$-ten Zeitabschnittes ergeben sich aus dem veränderten Wärmeinhalt des Gases bzw. des Windes nach Division durch die spezifische Wärme. Die jeder Temperatur zugehörige spezifische Wärme muß dabei berücksichtigt werden.

Die Berechnung der Temperaturveränderung des Rauchgases setzt eine Integration der Gleichung (5) voraus.

$$\beta \cdot (\vartheta - t_x) \cdot f = G \cdot (c_a \vartheta_a - c_e \vartheta_e). \quad (9)$$

wobei $\vartheta_a$ und $\vartheta_e$ die Rauchgastemperaturen am Anfang und am Ende des Speicherabschnittes bezeichnen. Die auf diese Weise erhaltene Endtemperatur ist zugleich die Anfangstemperatur für die folgende Zone des Speichers.

Die mittleren Steintemperaturen werden durch ein verhältnismäßig ungenaues graphisches Verfahren ermittelt. Das Gleiche gilt für die Gas- und Windtemperaturen im Augenblick der Umstellung. Im Gegensatz hierzu lassen sich die Steintemperaturen rechnerisch bestimmen, da die Endtemperatur einer Periode gleich der Anfangstemperatur der folgenden ist. Gleichgewicht ist dann eingetreten, wenn sich nach Verlauf einer Periode die Temperaturverhältnisse wiederholen. Es gilt dann — unter Vernachlässigung der Wandverluste — die Beziehung:

$$Q = \tau \cdot G \cdot (c_a \vartheta_a - c_e \vartheta_e) = \tau' \cdot G' \cdot (c'_e \vartheta'_e - c_a \vartheta_a).$$

Die Rechnung besteht in einer sich immer von neuem wiederholenden Anwendung der Gleichungen 7, 8 und 9. Zunächst wurde der Winderhitzer in 10 Zonen mit je 1500 m² Heizfläche zerlegt. In den heißeren Zonen ändert sich aber die Wärmeübergangszahl so stark (Abb. 5), daß sich eine weitere Unterteilung als zweckmäßig erweist. Für insgesamt 19 Höhenlagen werden pro Periode in Zeitabständen von 15 Minuten jeweils 8 Steintemperaturen, 3 Wind- und 3 Rauchgastemperaturen berechnet und die für den

Zeitpunkt des Umstellens geltenden Wind- und Gastemperaturen extrapoliert.

Eine Übersicht über den Temperaturverlauf geben die Abbildungen 6 und 7. Sie stellen die zeitliche und räumliche Änderung der Temperaturen des Gitterwerks, des Windes und des Rauchgases während der ersten drei Perioden dar. Zu Beginn der ersten

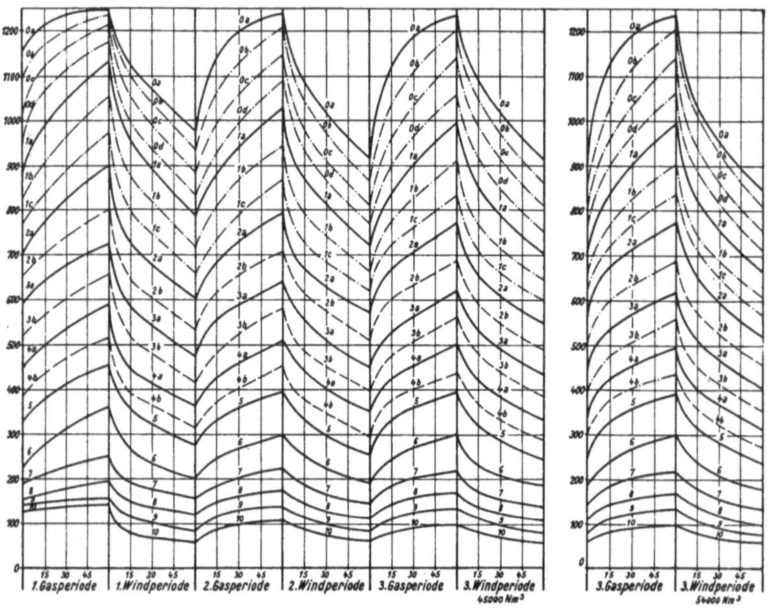


*Bild 6. Verlauf der Gitterwerkstemperaturen*

Periode mußten die Steintemperaturen geschätzt werden. Die hierbei begangenen Fehler heben sich bei der Durchrechnung der zweiten Periode heraus und in der dritten Periode hat sich der Gleichgewichtszustand eingestellt. Die Steintemperatur am Ende der dritten Periode weicht von der Anfangstemperatur der gleichen Periode im allgemeinen um weniger als 5° ab, im ungünstigsten Falle um 11° C. Die Berechnung einer vierten Periode hätte wegen der Ungenauigkeit der erwähnten graphischen Methode zur Feststellung der mittleren Temperatur keine bessere Angleichung von Anfangs-

und Endtemperaturen ergeben, daher sollen die dritte Gas- und Windperiode als Gleichgewichtszustand angenommen werden. Auf die vollständige Wiedergabe der umfangreichen Rechnungen kann verzichtet werden und es mögen die Berechnungen des Temperaturfeldes in den obersten und untersten Steinlagen des Winderhitzers für die dritte Entheizperiode genügen (Zahlentafel 6).

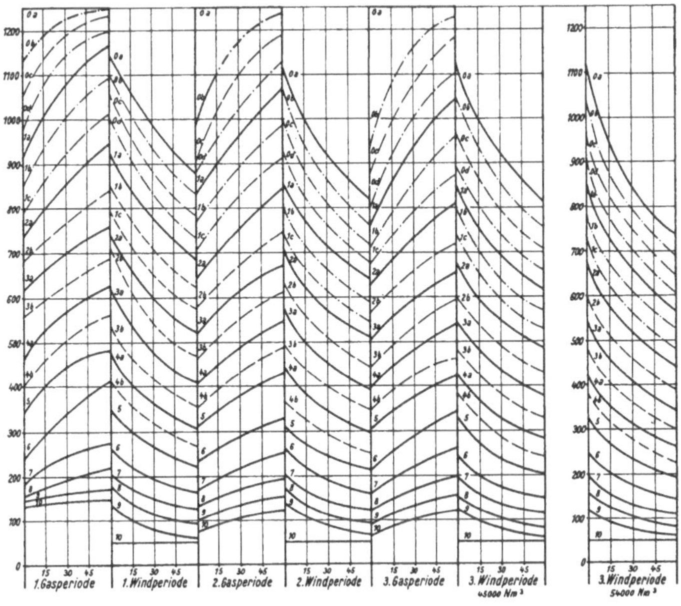


*Bild 7. Verlauf der Gas- und Windtemperaturen*

Von besonderem Interesse ist die Heißwindtemperatur, deren Verlauf in der Abb. 8 dargestellt ist. Rechnungsmäßig ergibt sich in jeder Windperiode ein Temperaturabfall von rund 300° C. Ursache hierfür ist die geringe Steinstärke der Ausgitterung, die gleichbedeutend mit einer großen spezifischen Heizfläche ist. Das Gitterwerk nimmt daher schnell Wärme auf und gibt sie auch schnell wieder ab. Wie ein Vergleich dieser Temperaturlinien zeigt, verlaufen die Gas- und Windtemperaturen den Steintemperaturen nahezu parallel. In den oberen Steinlagen ist die Temperaturschwankung

**Zahlen**

Temperaturverlauf während der 3. Entheizperiode bei

| Raumabschnitt $r$ | $p$ | Zeit [min] | $\Delta\vartheta' p$ | $\Delta\vartheta'_1 \varphi'^p$ | $\Delta\vartheta'_2 \varphi^{p-1}$ | $\Delta\vartheta'_3 \varphi'^{p-2}$ | $\Delta\vartheta'_4 \varphi'^{p-3}$ | $\Sigma(\Delta\vartheta' \varphi'^p)$ |
|---|---|---|---|---|---|---|---|---|
| 1 | 2 | 3 | 4 | 5 | 6 | 7 | 8 | 9 |
| 10 | 1 | 15 | 47 | 32 | — | — | — | 32 |
| | 2 | 30 | — | 22 | — | — | — | 22 |
| | 3 | 45 | — | 15 | — | — | — | 15 |
| | 4 | 60 | — | 10 | — | — | — | 10 |
| 9 | 1 | 15 | 13 | 8,8 | — | — | — | 8,8 |
| | 2 | 30 | 17 | 6,0 | 11,5 | — | — | 17,5 |
| | 3 | 45 | 9,5 | 4,0 | 7,9 | 6,5 | — | 18,4 |
| | 4 | 60 | 5,5 | 2,8 | 5,3 | 4,4 | 4,3 | 16,8 |
| | | | | | | | | |
| 0 d | 1 | 15 | 161 | 108 | — | — | — | 108 |
| | 2 | 30 | 65 | 72 | 43,5 | — | — | 115,5 |
| | 3 | 45 | 40 | 48,4 | 29,1 | 26,8 | — | 105,3 |
| | 4 | 60 | 47 | 32,1 | 19,5 | 17,9 | 31,4 | 101,2 |
| 0 c | 1 | 15 | 180 | 120,5 | — | — | — | 120,5 |
| | 2 | 30 | 77 | 80,8 | 51,5 | — | — | 132,3 |
| | 3 | 45 | 45 | 54,0 | 34,5 | 30,1 | — | 118,6 |
| | 4 | 60 | 45 | 36,2 | 23,1 | 20,0 | 30,1 | 109,4 |
| 0 b | 1 | 15 | 154 | 103,2 | — | — | — | 103,2 |
| | 2 | 30 | 89 | 69,2 | 59,6 | — | — | 128,8 |
| | 3 | 45 | 50 | 46,3 | 40,0 | 33,5 | — | 119,8 |
| | 4 | 60 | 47 | 31,0 | 26,8 | 22,5 | 31,4 | 111,7 |
| 0 a | 1 | 15 | 127 | 85,1 | — | — | — | 85,1 |
| | 2 | 30 | 83 | 57,0 | 55,8 | — | — | 112,8 |
| | 3 | 45 | 62 | 38,2 | 37,4 | 41,6 | — | 117,2 |
| | 4 | 60 | 44 | 25,6 | 25,0 | 27,8 | 29,5 | 107,9 |

**tafel 6**

einer Windmenge 45 000 $\frac{Nm^3}{h}$ (Sollmenge, Gleichgewichtsfall)

| $\vartheta'_p + \Sigma(\Delta^\Delta \varphi'^p) \cdot \nu' \cos(nX)' = t'p$ | $t'_{pm} - \vartheta'_p = \Delta t'$ | $i'_o + \Delta i' = i'_1$ | $\vartheta'p$ für $p - 1$ |
|---|---|---|---|
| 10 | 11 | 12 | 13 |
| 50 +29 = 79 | 86 — 50 =36 | 15,6 + 15,1 = 30,7 | 98 |
| 50 +20 = 70 | 73 — 50 =23 | 15,6 + 9,65= 25,25 | 81 |
| 50 +13 = 63 | 66 — 50 =16 | 15,6 + 6,71= 22,31 | 71,5 |
| 50 + 9 = 63 | 61 — 50 =11 | 15,6 + 4,16= 20,2 | 65 |
| 98 + 8 = 106 | 118 — 98 =20 | 30,7 + 8,55= 39,25 | 125 |
| 81 +16 = 97 | 101 — 81 =20 | 25,25+ 8,55= 33,8 | 108 |
| 71,5+16,5= 88 | 92 — 71,5=20,5 | 22,3 + 8,75= 31,05 | 99 |
| 65 +15 = 80 | 83,5—65 =18,5 | 20,2 + 7,9 = 28,1 | 90 |
| | | | |
| 808 + 99 = 907 | 965 — 808 = 157 | 269,3 + 21,9 = 291,2 | 871 |
| 743 + 106 = 849 | 873 — 743 = 130 | 245,1 + 18,1 = 263,2 | 794 |
| 703 + 97 = 800 | 825 — 703 = 122 | 230,3 + 17,0 = 247,3 | 749 |
| 656 + 93 = 749 | 775 — 656 = 119 | 214,95+ 16,6 = 231,55 | 704 |
| 871 + 111 = 982 | 1048 — 871 = 177 | 291,2 + 25,1 = 316,3 | 943 |
| 794 + 121 = 915 | 949 — 794 = 155 | 263,2 + 22,0 = 285,2 | 854 |
| 149 + 109 = 858 | 887 — 749 = 138 | 247,3 + 19,55= 266,85 | 804 |
| 704 + 101 = 805 | 834 — 704 = 130 | 231,55+ 18,45= 250,00 | 757 |
| 943 + 95 = 1038 | 1094 — 943 = 151 | 316,3 + 21,7 = 338,0 | 1000 |
| 854 + 119 = 973 | 1005 — 854 = 151 | 285,2 + 21,7 = 306,9 | 917 |
| 804 + 110 = 914 | 934 — 804 = 130 | 266,85+ 18,7 = 285,55 | 855 |
| 757 + 103 = 860 | 887 — 757 = 130 | 250,0 + 18,7 = 268,7 | 811 |
| 1000 + 78 = 1078 | | | |
| 917 + 104 = 1021 | | | |
| 855 + 108 = 963 | | | |
| 811 + 99 = 910 | | | |

naturgemäß am größten. In der obersten Lage steigt die Steintemperatur während der Gasperiode von 913 auf 1238° und fällt dann in der Windperiode wieder auf 910°, also um 328° C. In der um 65 cm niedriger gelegenen Steinlage ergibt die Rechnung sogar einen höheren Temperaturabfall. Es ist unwahrscheinlich, daß die

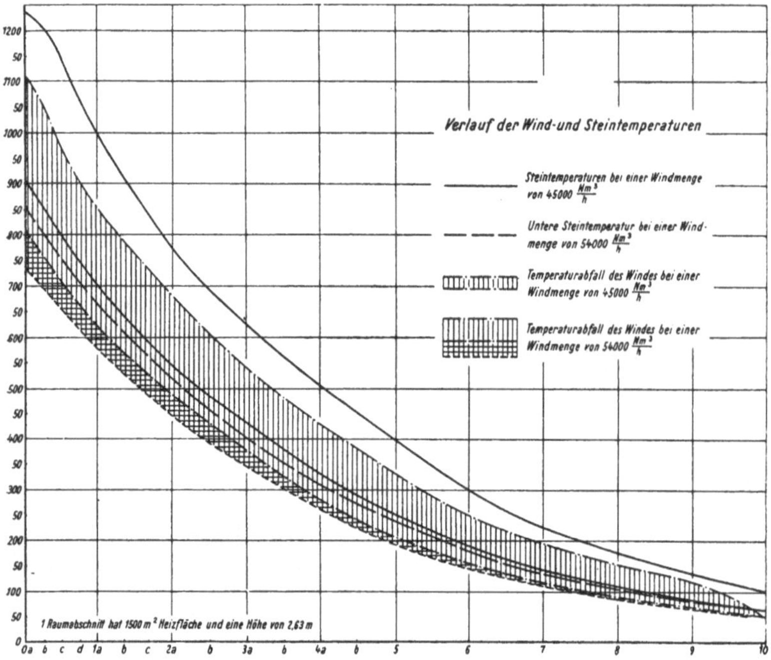


*Bild 8*

Rechnung hier die wahren Verhältnisse wiedergibt. Es ist zu bedenken, daß die Voraussetzung konstanter Rauchgastemperatur in der obersten Lage nicht zutrifft. Wie aus Messungen einwandfrei festgestellt wurde, nehmen auch Kuppel und Brennschacht am Wärmeaustausch teil. Die Temperaturzunahme des Heißwindes zwischen Gitterwerk und Heißwindstutzen konnte zu 25—50° C ermittelt werden. Schließlich führt noch die Annahme, daß die Wandverluste auf die Kuppel beschränkt sind, zu einem Fehler. Die errechneten Temperaturkurven können für sich nicht in Anspruch nehmen, das im Wärmespeicher bestehende Temperaturfeld absolut richtig wiederzugeben. Für die Untersuchung der Regelbarkeit genügt jedoch die Kenntnis relativer miteinander vergleichbarer Werte vollauf.

Die durchgeführte Rechnung ergibt also ein regelmäßiges Pendeln der Temperaturen, so daß konstante Verhältnisse geschaffen wären, wenn nicht in bezug auf die Windmengen gelegentliche willkürliche Veränderungen vorgenommen werden. Es ist aber damit zu rechnen, daß aus betriebstechnischen oder anderen Gründen die je Zeiteinheit zugeführte Windmenge wechselt und dieses hat einen Einfluß auf die sich abspielenden Heizverhältnisse. Entweder wird mit gesteigerter Windmenge die Windvorwärmung vermindert und man müßte dann mit dieser niedrigen Windtemperatur arbeiten oder aber, falls die Windtemperatur als unabänderlich betrachtet werden müßte, ist die Aufheizung zu verstärken.

Wenn beispielsweise in vorliegendem Falle der Windbedarf von 45 000 $Nm^3/h$ auf 54 000, also um 20% erhöht werden muß, so würde bei gleicher Heizleistung die Steintemperatur in der obersten Lage des Gitterwerkes rechnungsmäßig um 66° absinken, d. h. von der Höchsttemperatur zu Beginn der Periode von 1238 auf 844° statt 910° abkühlen. Die Windtemperatur würde dann im Mittel bei der verstärkten Windmenge niedriger sein. Ist das nicht wünschenswert, so kann dieser Temperaturverlust nur durch erhöhte Gaszufuhr während der Heizperiode ausgeglichen werden. Der Sinn der auf diese Weise vorzunehmenden Regelung ist also entsprechend den veränderlichen Windmengen, automatisch eine Veränderung der Heizintensität einzustellen.

Zur Erfüllung dieser Aufgabe ist die Anwendung eines Stufenreglers möglich. Solche Regler sind nur stoßweise arbeitsbereit. In bestimmten Zeitabständen wird das Aufheizsoll durch Temperaturmessung ermittelt und bei Überschreitung dieses Wertes eine Belastungsstufe abgeschaltet, bei Unterschreitung zugeschaltet. Abb. 9 zeigt das Schema einer solchen Stufenschaltung, in der die Heizgasmengen in verschiedenen Leistungsstufen eingetragen sind. Regelgröße ist die Steintemperatur, Regelstrecke der gesamte Winderhitzer. Als Fühler kommen Thermoelemente in Frage, als Stellglieder dienen Schieber oder Ventile in der Gasleitung bzw. in der Verbrennungsluftleitung. Die Impulsentnahme ist zweckmäßig etwa unterhalb der obersten Steinlage des Gitterwerkes, weil diese Stellen weniger von der Ausstrahlung der Kuppeln beeinflußt werden. In dieser Lage schwankt die Heizgastemperatur um etwa 300° und die

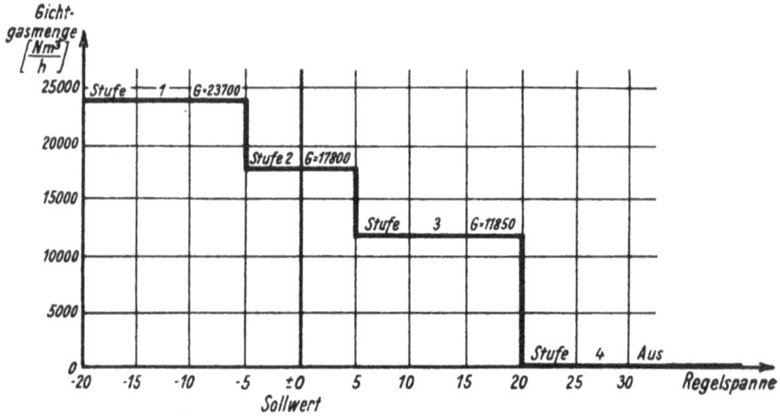


*Bild 9*
*Regelung der Gichtgaszufuhr in 4 Stufen. Impulsgabe durch Abweichung der Solltemperatur von der gemessenen Temperatur (Regelspanne)*

Steintemperatur ist von der Heizgasmenge abhängig. Der Unterschied von Ist- und Sollwert kann als Regelabweichung herangezogen werden. Zur Durchführung dieses Vorganges dient ein Temperaturregler, der auf verschiedenen Gebieten der Heiztechnik bekannt und in Anwendung ist. In vorliegendem Falle würde ein solcher Verwendung finden, der die Gaszufuhr in 4 Stufen schrittweise regelt. Als Ansprechgrenze des Reglers sollen 5° C angenommen werden.

Die Berechnung des Temperaturfeldes bei veränderlichen Gasmengen findet nach demselben Prinzip statt, wie schon vorher ausgeführt worden ist. Man kann das Rechenschema auch hier anwenden, wenn die Periode zur Aufheizung in eine Anzahl von Teilperioden zergliedert wird, während welcher die jeweilige Gasmenge konstant bleibt. In vorliegendem Falle ist die Heizperiode von einer Stunde in 24 Unterperioden von je 2,25 Minuten Dauer zer-

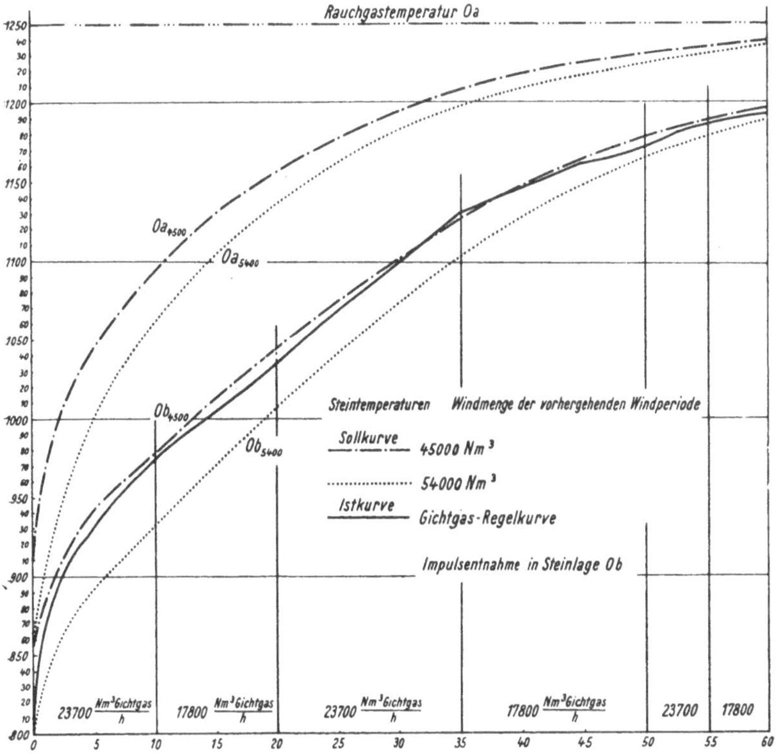


*Bild 10*
*Regelung der Steintemperatur durch Veränderung der Gichtgaszufuhr*

legt. Das Ergebnis dieser Untersuchungen ist in Bild 10 dargestellt worden. Die Kurve 45 000 wird als Sollzustand betrachtet. Beim Umstellen des Winderhitzers von Gas auf Wind unterschreitet die Isttemperatur die Solltemperatur um 55⁰. Infolgedessen schaltet der Regler die erhöhte Gasmenge von 23 700 m³ ein. Zur Genauigkeitserhöhung der Rechnung ist der Bereich in den obersten Steinlagen in 5 Unterbereiche zu je 13,5 cm Höhe unterteilt. Nach 2,5 Minuten beträgt die Regelabweichung nur noch 21°. Die Gasmenge bleibt daher weiterhin dieselbe. Nach dem zweiten Regelschritt liegt die Regelabweichung bei 12°, nach dem dritten bei 6°, beim nächsten Schaltvorgang wird die Ansprechgrenze von 5° unterschritten und demzufolge die Gasmenge auf die nächstniedrige Stufe von 17 800 reduziert. In der Folge wechselt die Gaszufuhr noch mehrmals zwischen 17 800 und 23 700 Nm³. Der Verlauf der Temperaturen mit und ohne Regelung ist aus Abb. 10 zu ersehen. Die Angleichung der Steintemperatur an den Sollwert ist also weitgehend erreicht. Auf diese Weise ist die an den Regler gestellte Forderung, nämlich dem Wärmespeicher stets so viel Wärme zuzuführen, wie durch die Entnahme in der Windperiode benötigt wird, erfüllt. Die Stufenregelung ist also ein geeignetes Mittel, um das gesteckte Ziel in einem praktischen Betrieb zu erreichen.

In vorstehenden Ausführungen ist dargestellt worden, auf welche Weise durch eine Regelung in stufenweiser Folge die Aufheizung des Winderhitzers durchgeführt werden kann. Sobald hierfür eine Sollkurve festgelegt ist, steuert der Regelapparat selbsttätig die Aufheizung und führt sie zu einer bestimmten Endtemperatur. Die Wärmeentnahme durch den Wind nach der Umstellung erfolgt dann zwangsläufig und fällt von dieser Höchsttemperatur ab bis zu einer immer gleichen niedrigen, vorausgesetzt, daß während dieser Zeit die Windmenge nicht verändert wird.

Der Hochofen bekommt auf diese Weise Windmengen mit konstantem Sauerstoffgewicht zugeführt, jedoch bei veränderlicher Temperatur. Infolgedessen muß der nächste Schritt dahin gerichtet sein, diese Temperaturschwankung in jeder Windperiode auszugleichen. Das einfachste Mittel, das mitunter auch Anwendung gefunden hat, besteht darin, dem Heißwind Kaltwind zuzumischen, so daß eine konstante Windtemperatur zum Ofen geliefert wird. Dieses Verfahren ist insofern unbefriedigend, als es nur nach der negativen Seite wirken kann und die wertvollen Temperaturspitzen vernichtet.

Die Berechnungen hatten ergeben, daß bei einer Windmenge von 45 000 m³/h die Endtemperatur 844° beträgt, dagegen bei einer Windmenge von 54 000 m³/h 740°. Diese beiden Zahlen bilden die Standardwerte für die Windtemperatur. Jedoch erfährt der Temperaturabfall des Windes bei Arbeiten mit Kaltwindzumischung eine Veränderung, weil bei diesem Verfahren veränderliche Anteile desselben an dem Winderhitzer vorbeigeführt werden, diesen also nicht belasten. Die Temperaturabfallkurve des Windes wird dadurch flacher und die Endtemperatur höher, so daß es möglich ist, in einem Falle als konstante Windtemperatur etwa 850° und im anderen Falle 780° einzusetzen. Die Steuerung der Kaltwindzumischung in Abhängigkeit von der jeweiligen Windtemperatur ist technisch kein Problem, als Fühler dient wieder das Thermoelement und als Regelorgan ein Mischventil.

Eine andere Möglichkeit, durch Regelung einen Temperatur-Ausgleich im Hochofen zu schaffen, wäre darin zu erblicken, dem Gebläsewind durch Einspritzen von Wasser einen thermischen Ausgleich zu verschaffen in dem Sinne, daß zu Anfang der Windperiode größere Wassermengen dem Winde zugemischt werden, die dann gegen Ende derselben reduziert werden können. Über die Wirkungsweise einer solchen Maßnahme liegen praktische Versuchsergebnisse, die an einem Hochofen selbst ausgeführt werden könnten, noch nicht vor. OBERHOFFER hat Versuche an einem Kuppelofen ausgeführt und eine günstige Beeinflussung des Ofenganges durch Dampfzusatz oder Wassereinspritzung festgestellt. Davon ausgehend, daß erfahrungsgemäß Reaktionen einer Reihe von Gasen erst ausgelöst oder beschleunigt werden, wenn diesen Gasen kleine Mengen Wasserdampf zugefügt werden. Jene Versuche hatten zum Ergebnis, daß durch Zumischung von Wasser oder Wasserdampf die Temperaturen in der Verbrennungszone um 50—65° gesteigert werden können, ferner daß, was mit der ersteren Beobachtung in Zusammenhang steht, die Größe des jeweiligen Verbrennungsraumes verkleinert wird. Erst oberhalb einer gewissen Wasserdampfmenge in der Verbrennungsluft fällt die Temperatursteigerung wieder zurück. Wenn auch diese Versuchsergebnisse nicht ohne weiteres auf den Hochofen übertragen werden können, so ist die Gültigkeit dieser Feststellungen doch möglich und sollten näher untersucht werden. Zunächst ist also zu vermuten, daß bei einer Steigerung des Feuchtigkeitsgehaltes bis zu einem Bestwert eine Temperatursteigerung im Gestell des Hochofens auftritt, die eine Brennstoffersparnis auslösen würde und daß erst oberhalb dieses Bestwertes die Wirkung der endothermen Wassergasreaktion eine Temperatursenkung hervorrufen würde. Im Hochofenbetrieb hat man seit je der Feuchtigkeit des Windes eine schädliche Wirkung beigemessen und an einigen Stellen Anlagen geschaffen, um den Gebläsewind vor der Benutzung zu trocknen. Die Ergebnisse dieser Betriebsweise sind jedoch so, daß eine Verbesserung des Ofenbetriebes nicht beobachtet werden konnte. Deswegen sind solche Anlagen wieder zum Erliegen gekommen. Durch den Zusatz von Wasser werden im Hochofen Reaktionen ausgelöst, bei denen der Wasserstoff in viel stärkerem Maße mitwirkt als bei dem üblichen Verfahren. Beträgt beispielsweise für den nach den bisherigen Rechnungen zugrunde gelegten Hochofen die durch Windfeuchtigkeit und Wassereinspritzung ins Gestell eingebrachte Wassermenge 60 kg/min, so enthält das aus dem Hochofen ausströmende Gichtgas rechnungsmäßig etwa 8% Wasserstoff und einen etwas höheren Gehalt an Kohlenoxyd gegenüber einem normalen Betrieb. Hinzu kommt eine Verminderung des Stickstoffgehaltes. Das Ergebnis wäre ein Gas mit höherem Heizwert. Im Hochofen selbst wird dann der Wasserstoff neben dem Kohlenoxyd das Reduktionsmittel. Er hat wegen seines kleinen Molekularvolumens eine größere Diffusionsgeschwindigkeit als das Kohlenoxyd, dringt also leichter in die Erzporen ein und reduziert die Eisenoxyde. Diese heterogene Reaktion entlastet das Gestell des Hochofens von wärmeverbrauchenden Reaktionen und gestattet eine Temperatursteigerung im Gestell bzw. eine entsprechende Einsparung von Brennstoff. Wesentlich für die Bemessung des Wasserzusatzes ist die Kenntnis der optimalen Feuchtigkeitsmenge, die aufgewendet werden darf. Diese Zusammenhänge lassen sich jedoch nur durch den Großversuch aufklären. Rechnungsmäßig läßt sich auf Grund der früheren Rechnungsergebnisse der Wasserzusatz bestimmen, der in Beziehung steht zur

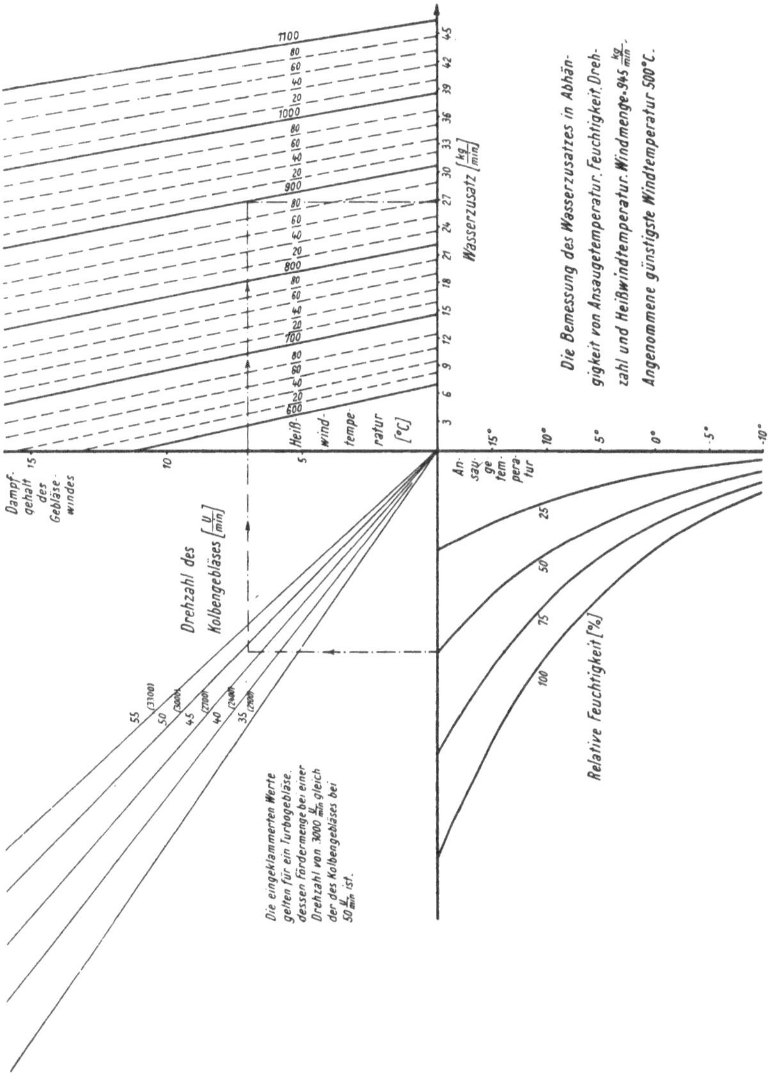
Die Bemessung des Wasserzusatzes in Abhängigkeit von Ansaugetemperatur, Feuchtigkeit, Drehzahl und Heißwindtemperatur. Windmenge 945 kg/min. Angenommene günstigste Windtemperatur 500°C.
Wasserzusatz [kg/min]
Heißwindtemperatur [°C]
Dampfgehalt des Gebläsewindes
Drehzahl des Kolbengebläses [U/min]
Ansaugetemperatur
Relative Feuchtigkeit [%]
Die eingeklammerten Werte gelten für ein Turbogebläse, dessen Fördermenge bei einer Drehzahl von 3000 U/min gleich der des Kolbengebläses bei 50 U/min ist.

Bild 11

Ansaugetemperatur, der Feuchtigkeit, ferner der Drehzahl der Maschine und der Heißwindtemperatur. In Bild 11 ist dieser Zusammenhang dargestellt. Die Wasserzugabe wird ferner durch die Wind-

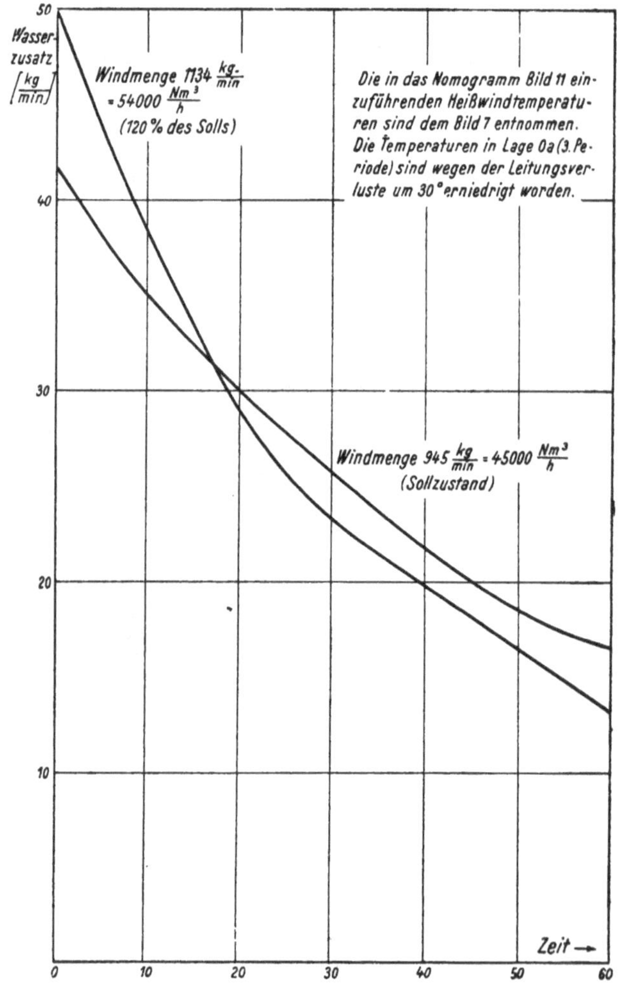


*Bild 12. Höhe des Wasserzusatzes bei Zugrundelegung des berechneten Heißwindtemperaturverlaufs*

menge bestimmt und fällt von einem Höchstwert bei Beginn der Windperiode bis zur Beendigung nach 1 Stunde. Die Abb. 12 zeigt die veränderlich zu setzende Wassermenge bei zwei verschiedenen Windmengen.

Auf diese Weise wird die bei jedesmaligem Umstellen auf Wind auftretende Temperaturspitze durch Wassereinspritzung ausgeglichen und so im Endergebnis eine Regelung durch Bemessung der Reaktionswärmen herbeigeführt, die die Gleichmäßigkeit des Ofenganges steuern soll.

FSC
www.fsc.org
MIX
Papier | Fördert gute Waldnutzung
FSC® C083411

Kolibri 360 GmbH
Ferdinand-Jühlke-Straße 7
99095 Erfurt, Deutschland
produktsicherheit@kolibri360.de